Samia Oueslati
Meriem Saada
Riadh Ksouri

Desenvolvimento de vegetação xerófita: Asphodelus tenuifolius e Ononis natrix

Samia Oueslati
Meriem Saada
Riadh Ksouri

Desenvolvimento de vegetação xerófita: Asphodelus tenuifolius e Ononis natrix

Composição fenólica, poder antioxidante e atividade antimicrobiana

ScienciaScripts

Cover image: www.ingimage.com

This book is a translation from the original published under ISBN 978-620-6-71467-5.

Publisher:
Sciencia Scripts
is a trademark of
Dodo Books Indian Ocean Ltd. and OmniScriptum S.R.L publishing group

120 High Road, East Finchley, London, N2 9ED, United Kingdom
Str. Armeneasca 28/1, office 1, Chisinau MD-2012, Republic of Moldova, Europe
Printed at: see last page
ISBN: 978-620-7-75069-6

Índice

Quadro 1. Actividades biológicas dos compostos fenólicos (Frankel et *al.,* 1995).

Tabela 2. Medição da atividade antibacteriana das fracções de *Asphodelus tenuifolius* e *Ononis natrix utilizando o* método de difusão em disco.

Tabela 3. Medição da atividade antifúngica das fracções de *Asphodelus tenuifolius* e *Ononis natrix utilizando o* método de difusão em disco.

Introdução geral

Os riscos e os efeitos nocivos dos antioxidantes sintéticos utilizados como aditivos alimentares foram evidenciados nos últimos anos (Bruneton, 2006), e a necessidade de os substituir por antioxidantes naturais tornou-se inevitável. Os antioxidantes naturais são uma fonte inesgotável de substâncias com uma grande variedade de actividades biológicas e farmacológicas. A comunidade científica está, por isso, cada vez mais interessada em avaliar as suas propriedades terapêuticas, nomeadamente as derivadas de plantas. Com efeito, os tratamentos à base de plantas e o regresso à medicina tradicional voltaram a estar na ordem do dia, tanto mais que a fitoterapia oferece remédios à base de extractos naturais bem aceites pelo organismo. A investigação sobre os antioxidantes naturais progrediu nos últimos anos (Prasad et al., 2009), incluindo os polifenóis, que constituem a classe mais rica em antioxidantes (Oueslati et al., 2012). Estes compostos fenólicos são utilizados em várias aplicações nas indústrias alimentar, cosmética e farmacêutica (Maisuthisakul et al., 2007). Além disso, estes compostos têm várias propriedades biológicas, incluindo propriedades anti-inflamatórias, antimicrobianas, anticancerígenas e antivirais (Balasundram et al., 2007).

Além disso, as espécies espontâneas xerófilas estão presentes em solos superficiais, com condições pedoclimáticas secas ligadas ao clima sub-árido da região sul, sendo portanto plantas extremófilas. Estas espécies são atualmente procuradas pela sua riqueza em metabolitos secundários, nomeadamente compostos fenólicos.

Uma vez que os microrganismos foram identificados como a causa de muitas doenças, especialmente doenças infecciosas, os cientistas começaram a procurar substâncias que pudessem inibir o seu crescimento e desenvolvimento, parcial ou totalmente. Por outro lado, um número crescente de estudos mostra o interesse de ter em conta as interacções da vegetação com as bactérias e os fungos. Para tal, propomos estudar a variabilidade do teor de compostos fenólicos e da atividade antioxidante em duas plantas xerófilas, *Asphodelus tenuifolius* e *Ononis natrix.*

Na segunda parte, foi avaliado o potencial antibacteriano e antifúngico das várias fracções polares e apolares contra bactérias patogénicas.

Capítulo 1: Dados bibliográficos

1. Fitoterapia e conhecimento das plantas medicinais

1.1. A história da fitoterapia

A história da fitoterapia está intimamente ligada à da medicina moderna que, desde a sua descoberta no século XIX, se define como uma ciência natural. Por esta razão, é normal e mesmo necessário que a eficácia e a segurança de um método terapêutico proveniente de uma tradição ancestral sejam verificadas por estudos científicos modernos (Fintelmann e Weiss, 2000).

1.2. Definição

O termo "fitoterapia" designa o tratamento curativo ou preventivo de doenças e perturbações subjectivas através de preparações obtidas a partir de plantas inteiras e/ou de partes de plantas (folhas, flores, raízes, frutos, sementes). As plantas utilizadas desta forma são vulgarmente conhecidas como plantas medicinais. A planta ou órgão utilizado pelas suas propriedades medicinais tem sempre vários princípios activos. Estes devem cumprir os requisitos da legislação relativa aos medicamentos em termos de qualidade, eficácia e segurança. Com a utilização de constituintes vegetais isolados e quimicamente definidos, atingimos os limites da fitoterapia, que apresenta apenas uma parte do estudo das plantas medicinais, uma ciência vasta que inclui também a fitoquímica, a fitofarmácia e a fitofarmacologia (Fintelmann e Weiss, 2000).

1.3. Ação específica e efeito terapêutico geral

Cada planta ou parte de planta utilizada tem uma finalidade terapêutica, que vai desde uma ação terapêutica alargada até uma ação específica e farmacologicamente definida, quer se trate de extractos brutos ou de moléculas isoladas. Quanto mais princípios activos uma preparação fitoterapêutica contiver, mais indicações terá.

2. Descrição da família de plantas Liliaceae

A família Liliaceae inclui cerca de 4000 espécies que se encontram em todos os ecossistemas terrestres, exceto nas regiões muito frias. Armazenam as suas reservas num bolbo, num rizoma ou nas raízes e caules carnudos. Trata-se de uma família muito grande, bem representada na nossa região por numerosas espécies ornamentais (lírios, tulipas, etc.), alimentares (alho, cebola, alho francês, etc.) e medicinais (colchicum, ruscus, etc.)

. Estas plantas são geralmente perenes com bolbo ou rizoma. São geralmente herbáceas, por vezes lenhosas. São monocotiledóneas típicas: venação paralela, flor com seis partes (3 sépalas e 3 pétalas), livres ou fundidas. (Reynaud Joël, 2001).

2.1. Caso de Asphodelus tenuifolius

2.1.1. Sistemática

Reino : Plantae

Classe : Liliopsida

Família: Liliaceae

Género: *Asphodelus*

Espécie: *tenuifolius*

Nome comum: Berwagg

2.1.2. Características botânicas

Asphodelus tenuifolius é uma planta perene de grande porte, atingindo 1 m de altura (Figura 1.1). É uma espécie relativamente robusta, com uma espiga floral desenvolvida que surge na primavera e pode atingir 50 a 100 cm de comprimento, com uma ponta ramificada. As flores são hermafroditas e brancas, visíveis a partir de maio. As inflorescências em cachos têm uma corola branco-rosada. É uma planta bulbosa, carnuda, com um sistema radicular fortemente tuberizado (10 a 30 tubérculos), as folhas são verdes claras, com 20 a 30 cm de comprimento e cerca de 3 cm de largura (Chaieb et Boukhris).

Figura 1.1. *Asphodelus tenuifolius* da região de Sfax

2.1.3. Ecologia e localização geográfica

(i) Na Tunísia

Trata-se de uma espécie com uma ecologia bastante variável, por vezes considerada ruderal e nitrófila (em escombros, cemitérios, etc.), ou massicote (em plantações de árvores e oliveiras). Mas ao contrário das formações florestais do centro e do sul da Tunísia, onde esta espécie é abundante, só aparece ocasionalmente na estepe. É registada em Sfax, Sidi Bouzid, Gafsa e em toda a zona costeira até Djerba e Zarzis. Está ausente das zonas desérticas continentais. (Chaieb e Boukhris).

(ii) No mundo

A nível mundial, a distribuição geográfica do *Asphodelus tenuifolius estende-se pelas* regiões mediterrânicas, principalmente nas garrigues e na Índia, no sul de França e na Europa, ao longo das bermas das estradas.

2.1.4. Interesses

(i) Interesses terapêuticos

A. tenuifolius não tem interesse pastoral, mas tem várias propriedades terapêuticas. A sua utilização é recomendada para as dores de ouvido e contra as úlceras e abcessos mamários. As raízes parecem ser utilizadas para extrair uma substância pegajosa (Chaieb e Boukhris). É utilizada pelas suas propriedades diuréticas, vulnerárias e anti-espasmódicas. É utilizada principalmente para vários problemas de pele, como cataplasma para verrugas, feridas e eczemas, reduzindo e dissolvendo inchaços. Tem um efeito sobre as obstruções menstruais e os desconfortos associados. Além disso, as flores em cachos são ornamentais e o bolbo é utilizado para tratar a sarna (uma doença de pele).

(ii) Juros de alimentos

As raízes desta planta eram antigamente consumidas cozidas com cereais ou batatas para fazer pão. Quando destilada, produz um álcool bastante forte. É utilizada como forragem para o gado, sobretudo ovino, e é a preferida dos javalis.

3. Descrição da família de plantas Fabaceae

Uma das maiores famílias de angiospérmicas, com quase 18.000 espécies em todo o mundo, muito bem representada nas regiões temperadas. As Fabaceae são o terceiro maior grupo de fanerogâmicas (depois das Asteraceae e das Orquídeas). A família deve o seu nome ao antigo género Faba, atribuído à fava (Michel Botineau, 1999). Esta família inclui espécies extremamente importantes nos sectores alimentar (feijões, ervilhas, favas, etc.), agroalimentar (amendoins, soja, etc.) e agronómico (alfafa, trevos, etc.). Muitas espécies são também de grande interesse ornamental (tremoços, ciprestes, glicínias, giestas). Algumas são tóxicas (Reynaud Joël, 2001).

3.1. Caso de *Ononis natrix*

3.1.1. Sistemática

Reino : Plantae

Família: Fabaceae

Género: *Ononis*

Espécie : *natrix*

Nome comum: Tfizza

Nome francês : Bugrane coqsigrue

3.1.2. Descrição botânica

Arbusto muito ramificado que atinge 40 a 50 cm de altura. Os ramos são erectos e ligeiramente espinhosos. As folhas são compostas por 1 a 7 folíolos e têm estípulas desenvolvidas. A espécie caracteriza-se pela sua floração intensa durante a primavera. As flores, com a corola amarela e o vexilo (pétala superior) bem desenvolvido, aparecem em cachos ao longo dos caules. As vagens são salientes e contêm 3 a 7 sementes (Chaieb mohamed e Boukhris makki). Esta espécie coloniza principalmente os talvegues e os cursos de água.

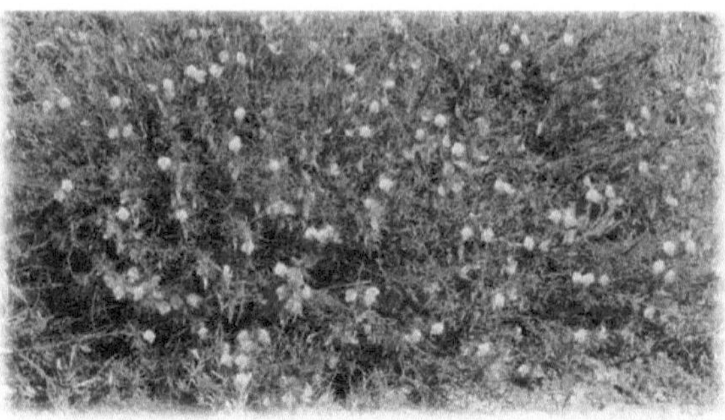

Figura 1.2: *Ononis natrix* no seu biótopo natural

3.1.1. Ecologia e localização geográfica

(i) Na Tunísia

No sul da Tunísia, existe em Sfax, Gafsa, Métlaoui, Djerba, Gabés, Médenine, Bou Hedma, Tataouine e até Borj Bourguiba (Chaieb e Boukhris).

(ii) No mundo

Encontra-a nas Ilhas Canárias e no Mediterrâneo, da Europa à Ásia Central (Marion Dorr et *al.*, 2003). Sítios calcários pedregosos ou arenosos em quase toda a França, no Sul da Europa, na Ásia Ocidental e no Norte de África (Chebli et *al.*, 2001).

3.1.2. Interesses

(i) Interesse em sementes de Q *natrix*

Um estudo fitoquímico realizado nas sementes *de O. natrix, uma* planta muito difundida no sudoeste de Marrocos, mostrou que é rica em ácidos gordos principais, glicéridos e flavonóides. A seleção fitoquímica revelou a presença de cumarinas, taninos catequéticos, saponinas e terpenos. A análise GPC dos ésteres metílicos de ácidos gordos nas sementes revelou a presença de ácidos linoleico e linolénico a níveis de 33 e 27, respetivamente. A análise TLC mostrou a presença de fosfolípidos e triglicéridos. Estas sementes são também muito ricas em proantocianidinas (prodelfinidina e procianidina) e agliconas flavónicas, das quais as mais importantes são a quercetina, o kaempferol, a isorhamnetina, a nevadensina e a penta-hidroxi-5,6,7,3',4'metoxi-3 flavona (Chebli et *al.*, 2001).

(ii) Interesses terapêuticos

Foram atribuídas propriedades diuréticas, antibacterianas e anti-reumáticas aos extractos da planta *Ononis natrix* (Muhammad et *al.*, 1998).

(iii) Benefícios do nematicida

O extrato aquoso de *O. natrix* foi testado quanto ao seu efeito nematicida contra nemátodos das galhas (Meloidogyne ssp). O contacto direto *in vitro dos* nemátodos com estes extractos aquosos desta planta revelou um poder nematicida que varia entre 60% e 95% (Chebli et *al.*, 2001). Paralelamente a este estudo, realizámos um rastreio fitoquímico desta espécie para obter uma visão geral da sua composição de metabolitos secundários. A comparação da eficácia do extrato aquoso com a do nematicida comercial (Vydate) utilizado como controlo mostrou que *O. natrix* teve um efeito semelhante a este último. Isto deve-se provavelmente ao elevado teor de alcalóides das sementes da planta (principalmente harmina e harmalina).

4. Os benefícios dos metabolitos secundários

4.1. Definição de metabolitos secundários

Os metabolitos secundários são antioxidantes não enzimáticos, de baixo peso molecular, que constituem uma segunda linha de defesa e incluem sequestradores de radicais livres (Koechlin-Ramonatxo, 2006).

4.2. Classificação dos compostos fenólicos

Os compostos fenólicos podem ser classificados em diferentes categorias, incluindo os ácidos fenólicos, os flavonóides e os taninos, que são considerados os principais fenóis dos alimentos (Balasundram et *al.,* 2006). Estas três classes principais são, portanto, identificadas de acordo com a complexidade da molécula de base.

4.2.1. Ácidos fenólicos

O termo ácido fenólico pode ser aplicado a todos os compostos orgânicos com pelo menos uma função carboxilo e uma hidroxila fenólica. Estes ácidos fenólicos constituem cerca de um terço dos fenóis alimentares, que podem estar presentes nas plantas tanto em formas livres como ligadas. Têm uma origem comum, a fenilanina (Robbins, 2003). Os ácidos fenólicos dividem-se em dois grupos: ácidos hidroxibenzóicos e ácidos hidroxicinâmicos (Manach et *al.,* 2004).

4.2.2. Flavonóides

O nome flavonoide foi emprestado de flavus ; (flavus=amarelo) (Malesev et kuntic, 2007). Os flavonóides são o grupo mais representado de fenóis vegetais, representando mais de metade dos 8000 compostos fenólicos identificados na natureza (Heim et *al.*, 2002). São moléculas de baixo peso molecular, constituídas por 15 átomos de carbono dispostos numa configuração C6-C6-C6 (Ferrazzano et *al.*, 2011). Todos os flavonóides têm uma origem biossintética comum, a fenilalanina. Os flavonóides estão amplamente distribuídos nas folhas, sementes, cascas e flores das plantas e são conhecidos por protegerem contra a radiação ultravioleta, os agentes patogénicos e os herbívoros (Heim et *al.*, 2002).

4.2.3. Taninos

Os taninos são o terceiro grupo mais importante de compostos fenólicos. São metabolitos secundários de elevado peso molecular, variando entre 500 e mais de 3000 Da (Fogliani, 2002), e podem ser subdivididos em taninos hidrolisáveis e taninos condensados (Balasundram et *al.,* 2006). Estes compostos são parcialmente responsáveis por critérios organolépticos como o amargor e a adstringência (Dinnella et *al.*, 2011). São objeto de numerosos trabalhos de investigação, que visam nomeadamente compreender a sua estrutura, o seu papel nutricional e os processos envolvidos na sua associação com as proteínas (Falleh et *al.*, 2011).

Pensa-se também que os taninos têm propriedades antivirais, como a atividade anti-HIV, reduzindo a carga viral através da sua adesão às proteínas da superfície celular ou da sua capacidade de inibir as enzimas essenciais à replicação do vírus (Fogliani., 2002). Os taninos são substâncias que não possuem grupos azotados, têm um sabor adstringente e colorem a pele através da sua ligação às proteínas (Fogliani., 2002). Desempenham também um papel importante na determinação da qualidade nutricional e das propriedades organolépticas dos produtos alimentares derivados de plantas (Sun et *al.*, 1998).

4.3. Actividades biológicas e aplicações industriais dos compostos fenólicos

Os compostos fenólicos presentes nas plantas são elementos essenciais da dieta humana e revestem-se de grande interesse devido às suas poderosas propriedades antioxidantes. Além disso, os polifenóis, incluindo os ácidos fenólicos, os flavonóides e os taninos, têm propriedades biológicas importantes, tais como antialérgicas, anti-inflamatórias, antitrombóticas, antimutagénicas e anticancerígenas, bem como efeitos cardioprotectores e vasodilatadores (Balasundram et *al*, 2006). Nas plantas comestíveis, este tipo de composto actua como pigmento antioxidante (Erankel et *al.*, 1995). Estas substâncias têm determinadas actividades biológicas (Quadro 1.1).

Quadro 1. Actividades biológicas dos compostos fenólicos (Frankel et *al.,* 1995).

Polifenóis	**Actividades biológicas**	**Autores**
Ácidos fenólicos, como o ácido benzoico	Antibacteriano, antifúngico e antioxidante	(Didry et *al.,* 1982) (Ravn et *al.*, 1984) (Hayase e Kato, 1984)

Cumarinas	Proteção dos vasos sanguíneos e anti-edematoso	(Makry e Ulubelen, 1980)
Flavonóides	Anti-tumorais e anti inflamatório. Efeitos hipotensivos, antidiuréticos e antioxidantes	(Stavric e Matula, 1992) (Das et *al.*, 1994) (Bidet et *al.*, 1987) (Bruneton., 1993) (Aruoma et *al.*, 1995)
Antocianinas	Proteção do sistema capilar-venoso	(Bruneton., 1993)
Proantocianidinas	Anti-oxidante, anti-tumoral, anti-fúngico, anti-inflamatório. Efeitos estabilizadores do colagénio,	(Masquelier et al., 1979) (Bahorun et al., 1996) (DE oliveira et al., 1972) (Brownlee et al., 1992) (Kreofsky et al., 1992)
Taninos gálicos e catequicos	Anti-oxidantes	(Okuda et al., 1983) (Okamura et al., 1993)

Os compostos fenólicos estão também envolvidos na relação da planta com o seu ambiente biológico (Heim et *al.,* 2002). Durante a polinização, por exemplo, os insectos são atraídos para as cores das flores pelos pigmentos fenólicos. Os compostos fenólicos também têm a capacidade de proteger as plantas do ataque de agentes patogénicos, como insectos, fungos, herbívoros e bactérias (Heim et *al.*, 2002). Os flavonóides protegem as plantas contra os raios UV, micróbios patogénicos e herbívoros (Balasundram et *al.*, 2006).

5. Potencial antimicrobiano dos metabolitos secundários

Vários estudos *in vitro* e *in vivo* têm-se centrado na avaliação das propriedades antimicrobianas dos metabolitos secundários (Tepe et *al.*, 2004). Os compostos fenólicos, particularmente os flavonóides, inibem o crescimento bacteriano e têm um efeito significativo em várias estirpes bacterianas, como *Escherchia coli* e *Staphylococcus aureus* (Katarzyna et *al.*, 2007).

Foram também demonstradas propriedades antibacterianas e antifúngicas dos compostos fenólicos contra várias estirpes (Gonçalves et *al.*, 2001). Além disso, certos taninos hidrolisáveis têm propriedades terapêuticas muito importantes, manifestadas pela inibição de certas bactérias como a estirpe *Helicobacterpylori* (Funatogawa et *al.*, 2004). Vários estudos mostraram que o efeito antimicrobiano dos metabolitos secundários se deve, em parte, a uma perturbação das fracções lipídicas da membrana plasmática dos microrganismos, o que resulta numa alteração da permeabilidade da membrana plasmática dos microrganismos. Além disso, as características físico-químicas dos compostos fenólicos (solubilidade em água e lipofilicidade) podem modular este efeito antibacteriano (Domineco et *al.*, 2005).

5. Técnicas de avaliação da atividade antioxidante

Os compostos fenólicos contam-se entre os antioxidantes mais potentes, graças à sua capacidade de capturar espécies reactivas de oxigénio (ROS) e radicais livres, bem como de reduzir e quelar iões de transição (Rice-Evans et *al.*, 1997). Foram desenvolvidos vários testes para avaliar esta capacidade antioxidante.

5.1. Atividade antioxidante total

Esta atividade consiste em testar a atividade antioxidante total do extrato utilizando a propriedade de redução do Molibdénio (VI) a Molibdénio (V) e a formação do complexo fosfato de Molibdénio (V), que será detectado a 695 nm. ^{1}A atividade antioxidante será expressa em mg de equivalente de ácido gálico por grama de matéria seca (mg EAG $_{g\text{-}}$MS) (Prieto *et al.,* 1999).

5.2. Atividade anti-radical livre (teste DPPH)

·Este teste permite avaliar esta capacidade anti-radical livre pelo método espetrofotométrico, monitorizando a cinética da reação de inibição através da descoloração do radical livre sintético DPPH (2-2-difenil-2-picrilhidrazina). A transição deste radical para uma forma estável não-radicalar (DPPH-H) é obtida no meio de reação pela ligação ao (DPPH·) de um protão de hidrogénio libertado pelos antioxidantes do extrato vegetal (Galvez et *al.*, 2005).

5.3. Poder redutor do ferro

$^{3+}$Baseia-se na reação de oxidação-redução que ocorre entre os antioxidantes (dadores de electrões) presentes nos extractos vegetais e os iões Fe (aceitadores de electrões). $_{36}$ $^{3+2+}$Com efeito, a ferricianidina K Fe(CN) (incolor) fornece iões Fe que são reduzidos a Fe ao aceitarem um eletrão cedido pelos antioxidantes. Este teste pode ser utilizado para estimar o poder redutor através da monitorização espectrofotométrica da cinética de redução (Gülcin et *al.,* 2006).

5.4. Poder quelante

O poder quelante é a capacidade do extrato de planta para quelatar iões metálicos. O metal livre (ferro, por exemplo) no meio é estabilizado pela ferrozina, formando um complexo ferrozina-metal (cor violeta). A quantificação deste complexo por espetrofotometria fornece informações sobre a quantidade de metal não quelatado e, por conseguinte, sobre a capacidade do extrato de planta para reter este metal (Rios et *al.,* 2006).

6. Técnicas de avaliação da atividade antimicrobiana

Para além do seu papel como antioxidantes, os compostos fenólicos têm outras propriedades, nomeadamente antibacterianas e antifúngicas. Para investigar as actividades antimicrobianas destes compostos em agentes patogénicos utilizando extractos de plantas, adoptámos a técnica "Aromatogramme", também conhecida como método de difusão em disco sólido. Depois de os agentes patogénicos terem sido cultivados e difundidos nos discos, adiciona-se o extrato da planta em diferentes concentrações. A revelação baseia-se na observação de uma auréola à volta do disco, que corresponde a uma redução do crescimento das bactérias ou das leveduras. Quanto maior for o diâmetro desta auréola, maior é a atividade antimicrobiana (Rios et *al.,* 2005). Estas actividades são comparadas com as dos antibióticos como controlos positivos.

Capítulo 2: Materiais e métodos

1. Amostragem

O material vegetal recolhido neste estudo é constituído por duas espécies: *Asphodelus tenuifolius* e *Ononis natrix*. Ambas as espécies são provenientes da região de Sfax.

A amostragem foi realizada em fevereiro de 2013, durante a qual as partes aéreas de *Asphodelus tenuifolius* e *Ononis natrix foram* amostradas na fase de floração.

Espèce (1) Espèce (2)

Figura 2.1. Tufo de *Asphodelus tenuifolius* (1) e *Ononis natrix* (2).

2. Técnica de extração

As duas espécies estudadas foram imediatamente levadas para o laboratório para serem secas, primeiro ao ar livre e depois numa estufa a 60°C durante 72 horas. As partes aéreas das duas plantas foram depois finamente trituradas com um moinho de bolas (tipo Dongoumeau). O pó foi conservado no escuro a 4°C para ser utilizado na extração e nas diferentes análises.

- **Extração com metanol/clorofórmio/água**

Para separar os compostos hidrofílicos dos lipofílicos, utilizou-se uma mistura de solventes metanol/clorofórmio/água (12:5:3 v/v). Uma massa de 2,5 g de matéria seca foi adicionada a 25 ml da mistura (MCE). Após maceração durante 30 minutos, recupera-se o sobrenadante e adicionam-se mais 25 ml de solvente. Esta operação foi repetida duas vezes. Os sobrenadantes foram recolhidos e adicionados com água destilada (V/V). Para separar a fase aquosa (superior) da fase apolar do clorofórmio (inferior), decanta-se a mistura. Cada uma das duas fases foi evaporada sob vácuo a 35°C utilizando um evaporador rotativo até se obter um extrato seco. Pesa-se o resíduo seco, que é em seguida tomado em metanol puro para obter 10 mg/ml para a fração aquosa (polar) e 2 mg/ml para a fração orgânica (apolar). Estas duas fracções são colocadas num congelador a -20°C até à realização dos biotestes de atividade antioxidante e/ou purificação das substâncias activas (Meot-Duros et al., 2009).

Figura 2.2. Extração líquido-líquido; fases polares e apolares

Figura 3.2. Evaporação de solventes com um evaporador rotativo.

3. Determinação e identificação de compostos fenólicos

3.1. *Determinação do teor de polifenóis totais*

Princípio. Num meio alcalino, os polifenóis reduzem o reagente de Folin-Ciocalteu a óxido azul de tungsténio e molibdénio. A intensidade desta cor azul fornece informações sobre o teor total de polifenóis na mistura (Dewanto et *al.*, 2002).

Manipulação. Adiciona-se uma porção de 125 µl de cada extrato adequadamente diluído a 500 µl de água destilada e 125 µl de reagente de Folin-Ciocalteu. $_{23}$Após agitação instantânea e 3 minutos de repouso, adiciona-se 1250 µl de (Na) CO (7%), elevando o volume final para 3 ml com água destilada. Após incubação durante 90 minutos no escuro à temperatura ambiente, a densidade ótica foi medida utilizando um espetrofotómetro a 760 nm. Foram efectuadas três réplicas. $^{-1}$A gama padrão foi preparada com ácido gálico em concentrações de 50 a 500 mg.l . $^{-1}$Os teores são expressos em mg de equivalente de ácido gálico por grama de matéria seca (mg EAG.g RS).

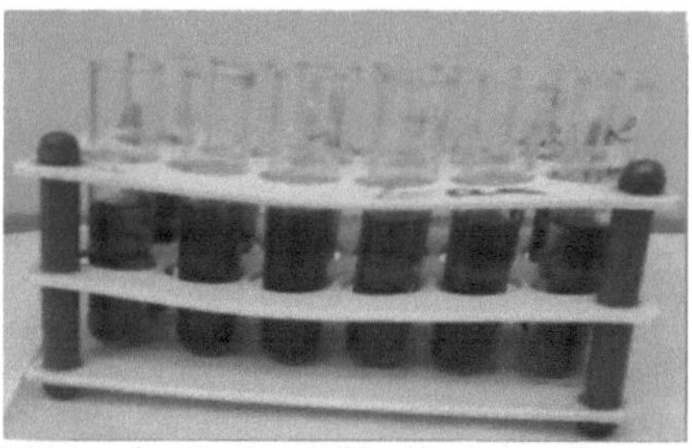

Figura 4.2. Determinação dos polifenóis e aparecimento da cor azul

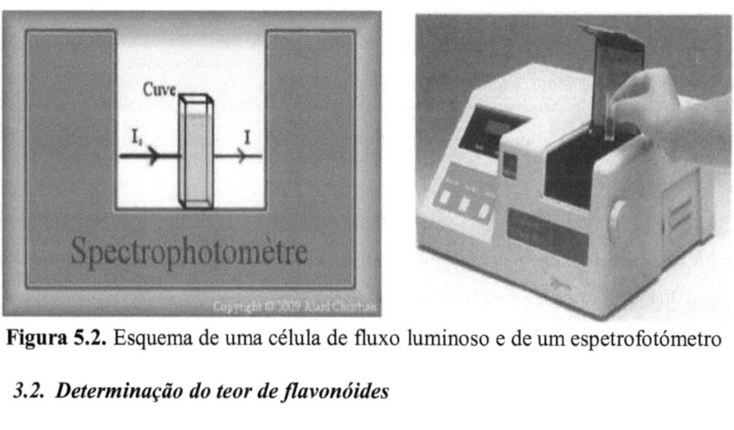

Figura 5.2. Esquema de uma célula de fluxo luminoso e de um espetrofotómetro

3.2. *Determinação do teor de flavonóides*

Princípio. Os flavonóides são quantificados utilizando um método colorimétrico descrito por Dewanto et al (2002). A intensidade da cor (laranja) indica o teor de flavonóides das plantas.

Manuseamento. $_{2}$Adicionou-se 0,075 ml de NaNO (5%) a 0,25 ml de cada extrato. $_{32}$Depois de repousar durante 6 minutos, adicionou-se à mistura 0,150 ml de cloreto de alumínio (AlCl , 6H O, 10 %) recentemente preparado. Após 5 minutos de incubação à temperatura ambiente, adicionou-se 0,5 ml de NaOH (1M) à mistura e completou-se o volume final de 2,5 ml com água destilada. A leitura da absorvância foi efectuada a um comprimento de onda de 510 nm. ^{1}A gama padrão foi preparada com catequina em concentrações que variam de 50 a 400 µg.ml^. ^{1}O teor de flavonóides é expresso em mg de equivalente de catequina por grama de matéria seca (mg EC. g' RS).

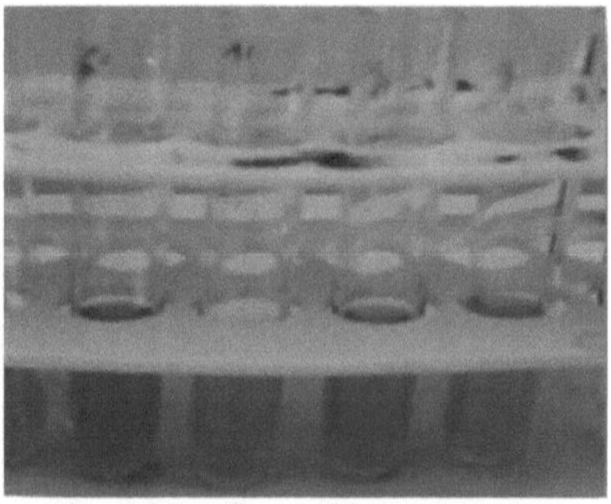

Figura 2.8. Determinação dos flavonóides e aparecimento da cor laranja.

3.3. Determinação do teor de taninos condensados

Princípio. Na presença de ácido sulfúrico, os taninos condensados despolimerizam-se e reagem com a vanilina para formar antocianidóis vermelhos, que podem ser medidos espectrofotometricamente a 500 nm (Sun et *al.,* 1998).

Manuseamento. Uma alíquota de 0,05 ml do extrato da planta é adicionada a 3 ml de vanilina em metanol (4%) e 1,5 ml de HCl concentrado. Após 15 minutos de incubação à temperatura ambiente, mede-se a absorvância a 500 nm. $^{-1}$Tal como para os flavonóides, o padrão é a catequina e o teor de taninos condensados é expresso em mg de equivalente de catequina por grama de matéria seca (mg EC. g RS).

4. Avaliação das actividades biológicas

4.1. Atividade antioxidante

4.1.1. Capacidade antioxidante total

24242467242Este método envolve a adição de 200 µl de extrato de planta a 2 ml de uma solução de pH ácido contendo ácido sulfúrico (H SO ; 0,6M), fosfato de sódio (NaH PO , H O; 28 mM) e heptamolibdato de amónio ((NH) MO O , 4H O); 4mM). A mistura foi então colocada num banho de água a 95°C durante 90 minutos. Após arrefecimento à temperatura ambiente, a absorvância foi medida a 695nm. $^{-1}$A atividade antioxidante total é expressa em mg de equivalente de ácido gálico por grama de matéria seca (mg EAG.g RS).

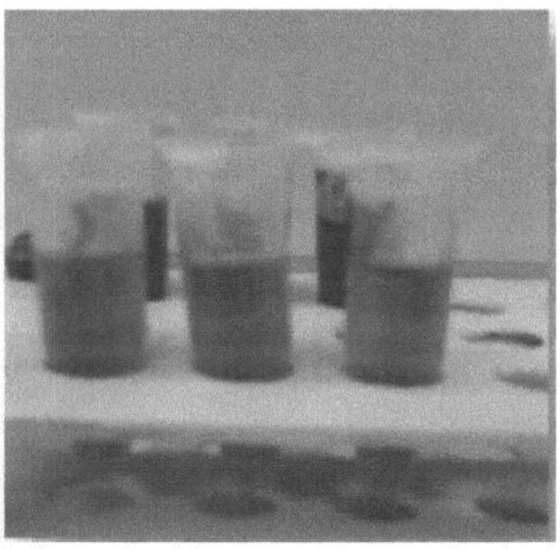

Figura 2.9. Capacidade antioxidante total e aparência da cor verde-azulada

4.1.2. Aprisionamento do radical DPPH

DPPH: O 2,2'-difenil-1-picrilhidrazil é um radical sintético que, no estado oxidado, apresenta uma cor violeta intensa. A redução desta molécula por protões provenientes de substâncias antioxidantes induz o desaparecimento da cor violeta, cuja degradação depende da riqueza do extrato em moléculas capazes de reter este radical. A redução do DPPH evidencia o poder anti-radical livre do extrato vegetal testado. A cinética de degradação da cor é determinada por espetrofotómetro UV a 517 nm em comparação com um controlo (sem extrato) (equação 1).

DPPH + AH ⟶ DPPH-H + A˙ **(1)**

(violet) (Jaunâtre)

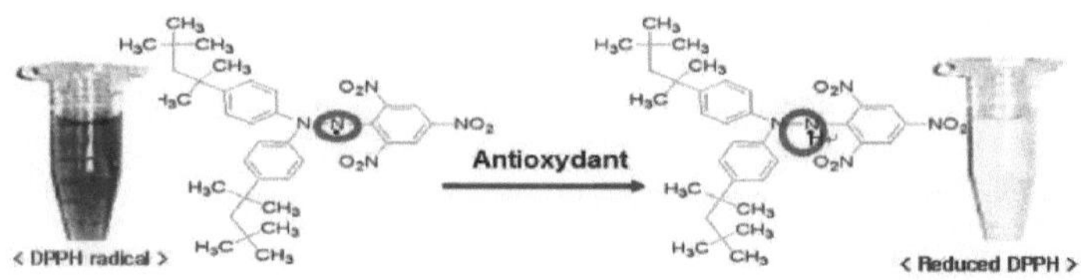

Figura 2.10. Degradação da cor violeta para amarelada

Para medir esta atividade antiradicular, uma amostra de 1 ml do extrato em diferentes concentrações foi colocada na presença de 250 µl de uma solução de DPPH·.

(0,2 mM em metanol). A mistura foi incubada durante 30 minutos no escuro e, em seguida, a absorvância foi medida a 517 nm utilizando um espetrofotómetro UV-visível contra um controlo (sem extrato). Os resultados são expressos como percentagens de inibição calculadas de acordo com a diminuição da intensidade de coloração da mistura, segundo a equação (2):

PI = (DO témoin – DO extrait / DO témoin)*100 **(2)**

$_{50}$PI: percentagem de inibição (ou IC)

Controlo OD: absorvância do controlo

Extrato DO: absorvância do extrato

$_{5050}$A cinética desta atividade pode ser utilizada para determinar a concentração correspondente a 50% de inibição (IC), correspondendo o valor mais baixo da IC à maior eficácia do extrato.

4.1.3. Medição do poder redutor do ferro

Princípio. A atividade redutora baseia-se na reação redox entre o extrato e os iões de metais de transição, em particular o ferro ou o cobre (Huang et al., 2005). $_{36}{}^{3}$O K Fe(CN) fornece iões Fe + que serão reduzidos pela capacidade dos antioxidantes no extrato da planta de cederem electrões de acordo com a equação (3):

Extrait (antioxydants) + Fe^{3+} ⟶ Extrait (antioxydants) + Fe^{2+} **(3)**

Manuseamento. O poder redutor é determinado pelo método descrito por Oyaizu (1986). $^{11-1}{}_{36}$Este método envolve a mistura de 0,2 ml do extrato em diferentes concentrações (20 a 1000 µg.ml^) para o extrato da fase de baixa polaridade e (1000 a 6000 µg.ml^) para o extrato da fase polar com 0,5 ml de tampão fosfato (0,2 mol.l , pH 6,6) e 0,5 ml de ferricianeto de potássio ou K Fe(CN) (1%). A mistura resultante foi incubada durante 20 minutos a 50°C.

Após esta incubação, foram adicionados 0,5 ml de ácido tricloroacético ou TCA (10%) para parar a reação, seguido de centrifugação a *650xg* durante 10 minutos à temperatura ambiente. 3Finalmente, adicionaram-se 0,5 ml de água destilada e 0,1 ml de tricloreto ferroso ou FeCl (0,1%) ao sobrenadante de 0,5 ml. A absorvância foi lida a 700 nm (o branco foi o tampão de extração). 50[1]Os resultados são expressos como a concentração efectiva (CE , µg.ml^), que é a concentração de extrato correspondente a uma absorvância de 0,5. 50O valor da CE é obtido a partir da curva de regressão linear (Mau et al., 2004).

4.1.4. Teste de inibição de branqueamento para β-carotdne

Esta atividade foi determinada segundo o método de Kaur e Kapoor (2002), dissolvendo 2 mg de *^-caroteno* em 20 ml de clorofórmio. Em seguida, 4 ml desta solução foram colocados num balão de fundo plano com 40 mg de ácido linoleico e 400 mg de Tween 40. Depois de evaporar o clorofórmio sob vácuo, a mistura foi absorvida em água destilada e arejada. Numa microplaca de 96 poços, 150 µl desta emulsão foram adicionados a 10 µl de extrato de planta de concentração conhecida. As microplacas foram então incubadas a 50°C durante 120 min e a DO foi medida (em T=0 e T=120 min) a 470 min utilizando um leitor de microplacas (modelo EAR 400, Labsystems Multiskan MS). A atividade do extrato foi calculada em relação à do controlo positivo, o hidroxianisol butilado (BHA), e à do controlo negativo (sem extrato). A percentagem de inibição (PI) é obtida da seguinte forma:

$$PI = [(DO\ E_{120} - DO\ T_{120})/(DO\ T_0 - DO\ T_{120})]*100$$

120OD E = absorvância do extrato em t=120 min,

OD T120 = absorvância do controlo negativo a T = 120 min,

OD T0 = absorvância do controlo negativo a T = 0 min.

Esta atividade é também expressa em CLo, tal como descrito para o ensaio DPPH.

Figura 2.11. Colocação da solução preparada nos alvéolos da placa Elisa a T= 0 minutos

Figura 2.12. Leitura através do leitor de microplacas Elisa.

4.2. Atividade antimicrobiana

4.2.1. Princípio

As actividades antibacterianas das duas fracções (polar e ligeiramente polar) obtidas de *Asphodelus tenuifolius* e *Ononis natrix* contra bactérias patogénicas foram realizadas utilizando o método do disco (ou de difusão), também conhecido como Aromatograma, baseado na difusão num meio de ágar sólido (Graham et al., 1985). A escolha deste método é justificada pela sua fiabilidade e simplicidade (Rios et al., 2005).

4.2.2. Propriedades das estirpes bacterianas e fúngicas

- **Estirpes bacterianas**

As bactérias utilizadas ao longo deste trabalho são as seguintes: *Escherichia coli*

(ATCC 35218), Staphylococcus aureus (ATCC 29213), Micrococcus luteus (NCIB 8166) e *Enterococcus faecalis (ATCC 29212),* que são bactérias Gram-positivas. *Pseudomonas aeruginosa (ATCC 27853), Klebsiella sp (CIP Tunis), Micrococcus luteus (NCIB 8166)* e *Salmonella thyphimurium (ATCC 14028)* são bactérias Gram-positivas. *A Shigella flexneri* pertence às Enterobacteriaceae patogénicas estritas, que se encontram exclusivamente nos seres humanos.

❖ **Estirpes de leveduras**

Candida albicans (ATCC 2091) e *Candida glabrata (ATCC 90030)* são leveduras não pigmentadas. *Candida tropicalis 06-085* (Blastomycete da ordem Cryptococcales, família Cryptococcaceae) e *Candida krusei (ATCC 6258)* (Hemiacete da ordem Endomycetales, família Saccharomycetaceae) e finalmente *Candida krusei (ATCC 6258)* (Hemiacete da ordem Endomycetales, família Saccharomycetaceae).

4.2.3. Preparação de meios de cultura

Meio Mueller Hinton. O meio Mueller Hinton é uma mistura de 15 g de ágar, 17,5 g de caseína hidrolisada, 4 g de infusão de carne de bovino e 1,5 g de amido. Dissolvem-se 35 g deste meio num litro de água destilada ainda quente, com um pH final de 7,4. Após esterilização por autoclavagem durante 15 minutos a 120°C, o meio foi distribuído em placas de Petri a uma taxa de 15 ml por placa.

Meio de Sabouraud cloranfenicol. Este meio é feito a partir de uma mistura de 15 g de ágar, 10 g de peptona de pepsina de carne, 20 g de glucose e 0,5 g de cloranfenicol. Dissolvem-se 42 g deste meio, a quente, num litro de água destilada, com um pH final de 7. Após esterilização por autoclavagem durante 15 minutos a 120 °C, o meio é distribuído em placas de Petri a uma taxa de 15 ml por placa.

Inoculação por inundação. Esta fase começa com a preparação de uma suspensão bacteriana ou fúngica. Toma-se uma estirpe pura e bem isolada com uma ansa e dissolve-se em 10 ml de água destilada esterilizada. A absorvância desta suspensão é ajustada para 0,5 unidades a 570 nm. Espalhar esta mistura em placas de Petri contendo ágar Mueller Hinton ou ágar Sabouraud cloranfenicol, de modo a que a superfície do ágar fique quase completamente coberta. A rotação das placas com a mão acelera o processo de cobertura. A fim de fixar as estirpes bacterianas e/ou as leveduras no meio de ágar, procede-se a um período de incubação de 15 minutos a 37°C. Em seguida, retira as placas e esteriliza o excesso de líquido. Em seguida, estas placas são novamente incubadas na estufa a 37°C durante um quarto de hora, permitindo-lhes secar e formar um tapete de bactérias ou de leveduras.

Aplicação dos discos. Discos estéreis de papel wattman com 6 mm de diâmetro foram colocados sobre as esteiras de bactérias e leveduras. $^{-1}$Amostras de 10 µl de extractos preparados a uma concentração de 30 mg ml foram então colocadas nos discos (Janssen et *al.*, 1987). Após 24 horas de incubação a 37°C, foi observado o efeito dos extractos no crescimento das estirpes à volta do disco. O aparecimento de uma auréola à volta de cada disco indica a inibição do crescimento das bactérias e das leveduras (Baran et *al.*, 1994). Esta atividade é medida através da medição do diâmetro de inibição. Os controlos positivos utilizados para estas actividades são antibióticos, no nosso caso a Gentamicina. t controlos negativos.

Capítulo 3: Exploração do potencial biológico de duas espécies, Asphodelus tenuifolius e Ononis natrix

1. Introdução

Na última década, tem havido um interesse renovado na investigação de compostos fotoquímicos de plantas indígenas e naturais para as indústrias farmacêutica, cosmética e alimentar (Wangensteen et al., 2004). Assim, os produtos vegetais têm um grande potencial como fonte de produtos farmacêuticos (Borchardt et al., 2008). Isto deve-se principalmente às suas elevadas actividades biológicas, que por vezes excedem as dos antioxidantes sintéticos, que podem promover a carcinogénese (Suhaj, 2006). Os antioxidantes são também utilizados para preservar a qualidade dos alimentos, principalmente porque impedem a degradação oxidativa dos lípidos (Akinmoladun et *al.*, 2007). A evolução das propriedades antioxidantes e das actividades de eliminação de radicais livres de frutos, legumes e outros produtos vegetais não pode ser obtida com precisão por qualquer método universal único ou sistema de extração por solventes devido à natureza complexa das biomoléculas presentes (Naczk e Shahidi, 2004; Prior et al., 2005).

Deve também notar-se que a variabilidade do teor de compostos fenólicos está geralmente correlacionada com o nível de atividade biológica. Em geral, o poder antioxidante está fortemente correlacionado com a concentração de compostos fenólicos (Hanson et al., 2004). Estes dados são corroborados pelo trabalho de Trabelsi et al (2010), que mostrou uma correlação significativa e positiva entre o teor de compostos fenólicos e a atividade antirradicalar. No entanto, esta relação nem sempre é clara, pois pode ser insignificante ou mesmo negativa em alguns casos. De facto, Djeridane et al (2006) consideram que a existência de sinergia entre os vários compostos fenólicos pode ser um fator determinante na capacidade antioxidante de uma determinada planta. Assim, esta atividade depende não só do teor de polifenóis mas também da estrutura e da interação entre os diferentes compostos.

O objetivo deste capítulo é explorar e comparar o potencial biológico das fracções polares e apolares das duas espécies *Asphodelus tenuifolius* e *Ononis natrix*, estudando o teor de compostos fenólicos (polifenóis totais, flavonóides e taninos condensados), investigando a capacidade antioxidante através de vários testes e, finalmente, estimando o potencial antimicrobiano das diferentes fracções.

2. Metodologia

As partes aéreas das duas espécies *Asphodelus tenuifolius* e *Ononis natrix*, recolhidas na região de Sfax, foram secas e depois moídas até se obter um pó fino. O protocolo experimental consistiu na extração com uma mistura de solventes MCE e na separação com água destilada para obter duas fracções (aquosa: polar e clorofórmica: ligeiramente polar) nas quais foram medidos os compostos fenólicos como os polifenóis totais, os flavonóides e os taninos condensados. Foi também determinado o potencial antioxidante das diferentes fracções.

A atividade antimicrobiana das duas fracções polares e apolares foi avaliada utilizando o método de difusão em disco de ágar (Bagamboula et al., 2003). Este método consiste em inocular estirpes de bactérias e de leveduras em placas de Petri contendo os meios de cultura correspondentes para formar tapetes bacterianos e fúngicos. Um disco de filtro estéril (papel Whatman n.º 3) com 6 mm de diâmetro foi colocado no ágar de infusão semeado com bactérias e uma amostra de 10 µl de uma concentração conhecida (30 mg.ml-1) dos extractos foi pingada em cada disco de papel. Após este passo, foi efectuada uma incubação a 37°C durante 24 horas para examinar o efeito destas soluções no crescimento das estirpes. χA inibição deste crescimento é demonstrada pelo aparecimento de uma auréola à volta de cada disco; quanto maior for o diâmetro desta auréola, maior é a inibição (Figura 3.2). Os discos de cloranfenicol padrão (30µg) foram utilizados como controlos positivos. As bactérias estudadas foram agentes patogénicos Gram-positivos Cocci humanos, incluindo *Staphylococcus aureus* (ATCC 25923), *Micrococcus luteus (NCIB 8166)* e *Enterococcus faecalis (ATCC 29212),* bactérias Gram-negativas Cocci, incluindo *Escherichia coli (ATCC 35218),* bacilos Gram-negativos, como *Pseudomonas aeruginosa (ATCC 27853), Salmonella typhimurium (ATCC 25922), Shigella flexneri* e *Klebsiella sp (CIP Tunis)* (Megdiche Ksouri Wided et al., 2011). A atividade antifúngica foi resumida como descrito anteriormente (Cox et al., 2000), sendo as estirpes de candida *Candida albicans (ATCC 2091), Candida glabrata (ATCC 90030), Candida tropicalis (06-085)* e *Candida krusei (ATCC 6258).* A anfotericina B (10µg) foi utilizada como controlo positivo. Cada experiência foi realizada em triplicado e o diâmetro médio da zona de inibição foi registado.

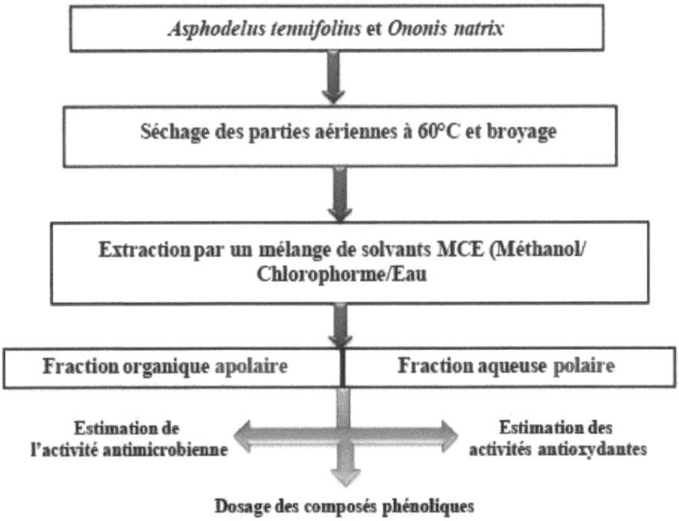

Figura 3.1. Protocolo experimental de extração com uma mistura de solventes de extração realizado nas partes aéreas de *Asphodelus tenuifolius* e *Ononis natrix.*

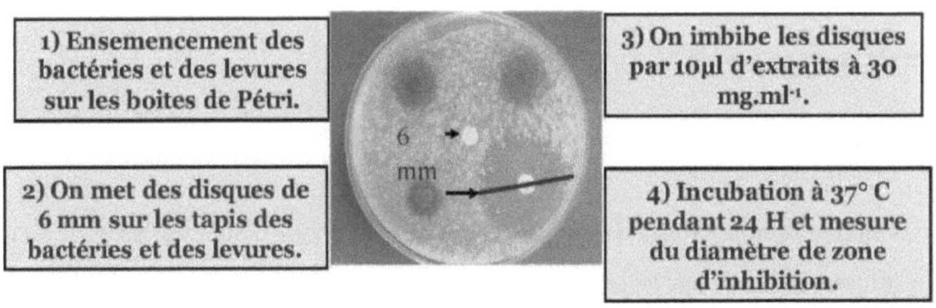

Figura 3.2. Protocolo experimental para avaliar a atividade antimicrobiana das fracções de *Asphodelus tenuifolius* e *Ononis natrix* contra bactérias e leveduras patogénicas.

3. Resultados e discussão

3.1. Quantificação de compostos fenólicos em diferentes fracções das partes aéreas de *Asphodelus tenuifolius* e *Oninis natris*

3.1.1. Polifenóis totais

Os resultados mostram uma variabilidade notável do teor em polifenóis totais entre as duas fracções (polar e apolar) e entre as duas espécies estudadas (Figura 3.3). $^{-1}$De facto, *A. tenuifolius* e *O. natrix* apresentam teores de polifenóis semelhantes (37 e 42,78 mg EAG. g RS) na fração polar. $^{-1}$Por outro lado, *Ononis natrix* é a espécie que apresenta os teores mais elevados de polifenóis totais (142,3 mg EAG. g RS) na fração apolar, o que é 5 vezes superior aos encontrados em *A. tenuifolius.*

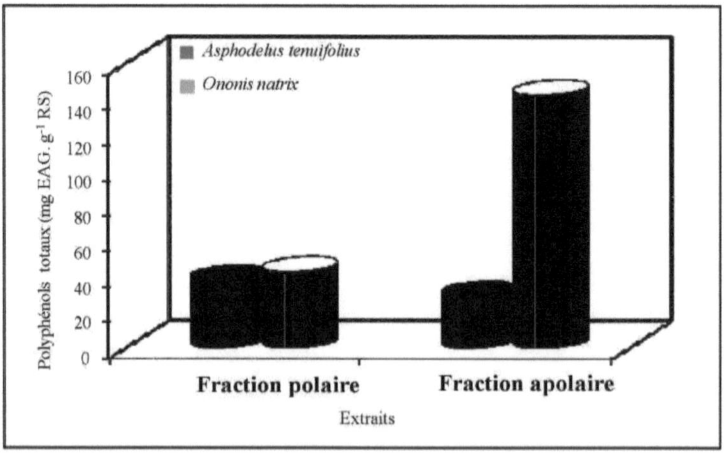

Figura 3.3. Teor de polifenóis (mg EAG.g 1 RS) nas fracções polar e apolar das partes aéreas de *Asphodelus tenuifolius* e *Ononis natrix.*

3.1.2. Flavonóides totais

Os flavonóides são uma das classes de compostos fenólicos mais estudadas. A análise dos resultados para as duas fracções das partes aéreas das duas xerófitas mostra uma clara diferença entre os teores destas moléculas nas duas fracções, com a fase apolar a apresentar teores de flavonóides superiores aos obtidos na fase polar. $^{-1-1}$Além disso, no que respeita aos polifenóis, *Ononis natrix* revelou-se a espécie mais rica, com um teor de 51,7 mg EC.g RS na fase clorofórmica e de 39 mg EC.g RS. $^{-1}$*Asphodelus tenuifolius, por outro lado*, apresentou teores mais baixos em ambas as fases, com 16 e 28,3 mg EC.g RS, respetivamente (Figura 3.4).

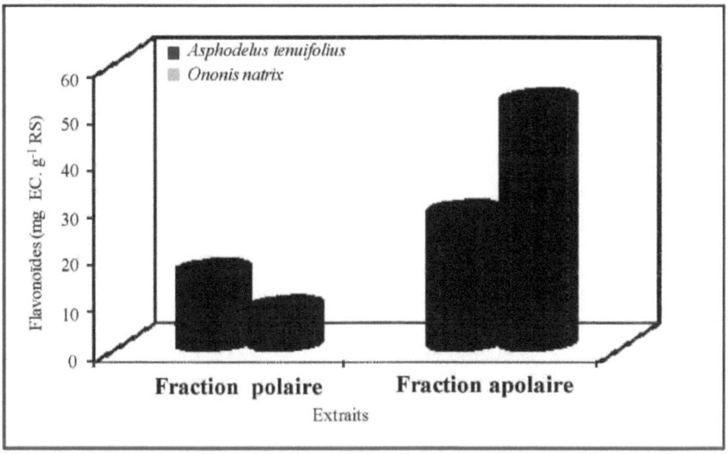

Figura 3.4. -1Teor de flavonóides (mg EC.g RS) nas fracções polar e apolar das partes aéreas de *Asphodelus tenuifolius* e *Ononis natrix*.

2.2.3. Taninos condensados

A análise do teor em taninos condensados das diferentes fracções confirma a variabilidade do teor destes metabolitos nas partes aéreas de *Asphodelus tenuifolius* e *Ononis natrix de* acordo com as duas fracções (palar e apolar) (Figura 3.5). -1As fracções apolares das duas espécies apresentam teores elevados de taninos condensados de cerca de 20,7 e 27,5 mg EC.g RS em *O. natrix* e *A. tenuifolius*, respetivamente. Quanto à fração polar, os teores medidos são muito baixos nas duas espécies. -1-1São muito próximos e da ordem de 2 mg EC.g para *A. tenuifolius* e 1,8 mg EC.g RS para *O. natrix*.

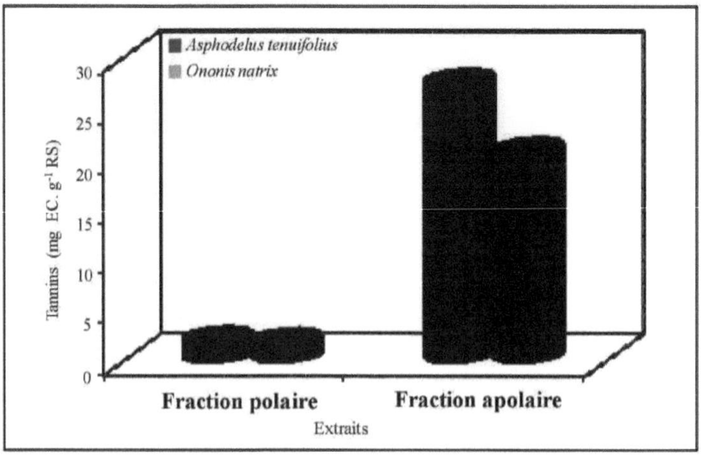

Figura 3.5. -1Teor de taninos condensados (mg EC.g RS) nas fracções polar e apolar das partes aéreas de *Asphodelus tenuifolius* e *Ononis natrix.*

-1Com base no teor de compostos fenólicos, *O. natrix* é mais eficaz do que *A. tenuifolius*, com um teor total de polifenóis que atinge 142,3 mg EAG. g RS. Além disso, a fração polar desta espécie distingue-se pela sua riqueza em metabolitos secundários, nomeadamente em compostos fenólicos. Estes resultados estão de acordo com os de Turkmen et al (2006), que mostraram que a natureza e a polaridade do solvente exerciam uma forte influência na capacidade de extração de fenólicos de muitas espécies. -1-1De facto, o trabalho realizado por Trabelsi et al (2010) sobre a espécie *Limoniastrum monopetalum* mostrou que o teor de polifenóis totais utilizando um solvente polar como o metanol era da ordem de 15,8 mg EAG.g MS, em comparação com o encontrado utilizando hexano (1,64 mg EAG.g MS). Em contrapartida, os teores de flavonóides e de taninos condensados obtidos com água, o solvente mais polar, são significativamente inferiores aos obtidos com metanol. Este facto evidencia a influência dos parâmetros técnicos, como a natureza e a polaridade dos solventes utilizados, na otimização da extração das moléculas antioxidantes, nomeadamente dos compostos fenólicos. Isto poderia, portanto, explicar as diferenças obtidas nas quantidades de moléculas bioactivas em *Asphodelus tenuifolius* e *Ononis natrix.*

3.2. Medição das actividades antioxidantes das diferentes fracções das partes aéreas *de Asphodelus tenuifolius* e *Oninis natris 3 .2.1. Atividade antioxidante total (AAT)*

A estimativa da atividade antioxidante total dos diferentes extractos de espécies extremófilas mostra uma clara diferença entre as duas fracções (polar e apolar) e as duas espécies estudadas. $^{-1-1}$De facto, *O. natrix* superou como sempre as outras espécies, apresentando uma atividade antioxidante total de cerca de 101,5 mg EAG.g RS para a fração polar e 171,4 mg EAG.g RS para a fração apolar. $^{-1-1}$Além disso, *A. tenuifolius apresentou* uma atividade antioxidante total moderadamente semelhante nas duas fracções (80,3 mg EAG.g RS na fase aquosa e 64 mg EAG.g RS na fase clorofórmica, respetivamente (Figura 3.6).

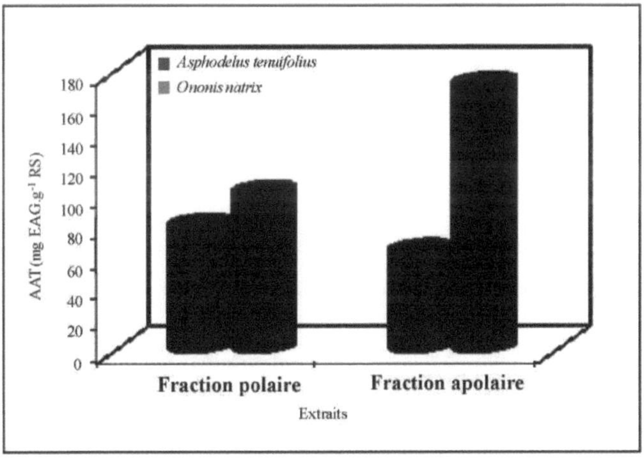

Figura 3.6. $^{-1}$Atividade antioxidante total (mg EAG.g MS) das duas fracções polares e apolares das partes aéreas de *Asphodelus tenuifolius* e *Ononis natrix.*

3.2.2. Capacidade de neutralizar o radical DPPH

$_{50}$O poder antirradicalar das partes aéreas de *Asphodelus tenuifolius* e *Ononis natrix* foi avaliado através do teste da capacidade inibitória do radical sintético DPPH na concentração de 50% de inibição (IC) (figura 3.7). A obtenção de curvas que relacionam as diferentes concentrações dos extractos com a degradação do DPPH permitiu determinar os IC50 correspondentes à fração de cada extrato vegetal. $^{-1}$De facto, a fração polar *de Asphodelus tenuifolius* apresentou um potencial antioxidante significativamente superior ao da fração apolar, sendo os IC50s de 400 e 10 µg.ml , respetivamente. $^{-1}$Quanto a *Ononis natrix,* ambas as fracções têm a mesma capacidade de capturar o radical DPPH, com um IC50 de cerca de 180 µg.ml .

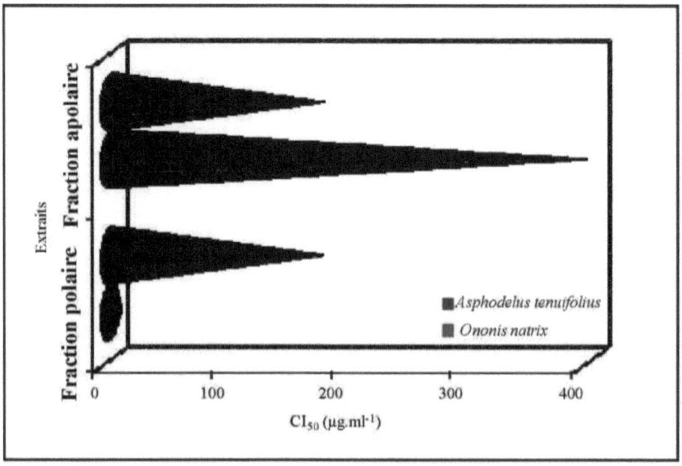

Figura 3.7. $^{-1}$^{9}Atividade antirradicalar (IC50 µg.ml) nas fracções polar e apolar dos extractos das partes aéreas de *Asphodelus tenuifolius e Ononis natrix.*

3.2.3. Poder redutor do ferro

$^{3+}$A análise dos resultados relativos à capacidade de redução de iões de metais de transição, como o ião férrico Fe , mostra uma diferença significativa nesta atividade antioxidante em função da polaridade do solvente de extração e da espécie estudada. $^{-1-1}$De facto, a fração polar *de Asphodelus tenuifolius destaca-se* em relação à fração apolar devido à sua elevada capacidade redutora de ferro, com uma CE50 de cerca de 500 µg.ml em relação a 2200µg.ml (Figura 3.8). $^{-1-1}$*Por outro lado, Ononis natrix* é a espécie com os valores EC50 mais baixos, e portanto a mais interessante, para ambas as fracções (400 µg.ml para a fração apolar e 680 µg.ml para a fração polar).

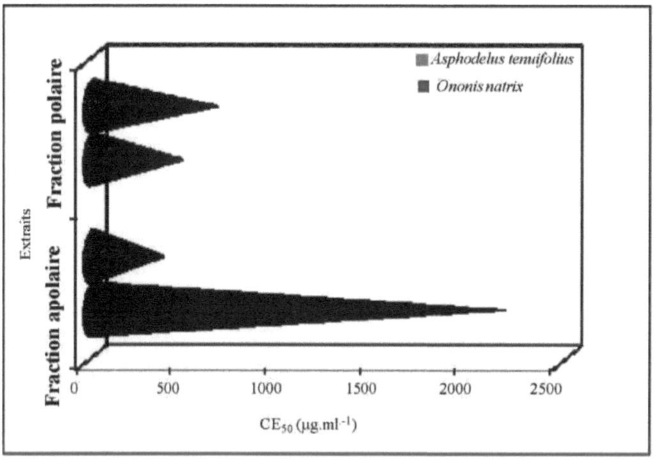

Figura 3.8. $_{50}^{-1}$Atividade redutora de ferro (CE µg.ml) nas fracções polar e apolar dos extractos das partes aéreas de *Asphodelus tenuifolius* e *Ononis natrix.*

3.2.4. Teste de inibição do branqueamento com P-caroteno

A estimativa das concentrações de inibição do branqueamento do β-caroteno mostra uma diferença entre as duas fracções e as duas espécies estudadas. $_{50}^{-1-1}$*Asphodelus tenuifolius* é a espécie que apresenta o valor de IC mais baixo para ambas as fracções (1000 µg.ml para a fração apolar e 1600 µg.ml para a fração polar) (Figura 3.9). $_{50}^{-1}$Esta capacidade de inibir o branqueamento do β-caroteno é mais fraca em *Ononis natrix*, especialmente na fração leve, atingindo um IC de cerca de 4600 µg.ml (Figura 3.9).

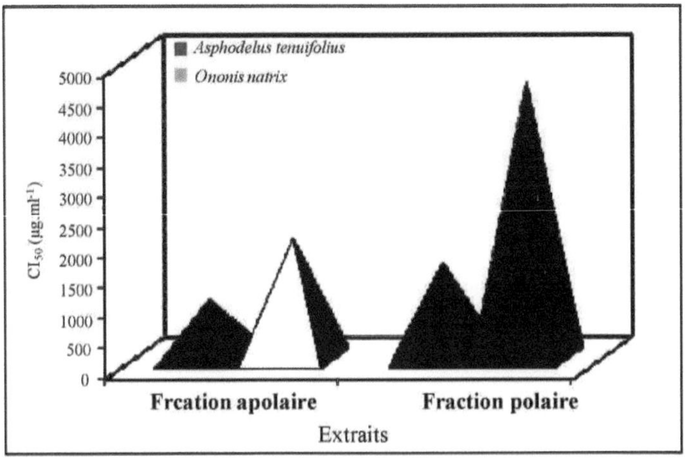

Figura 3.9. -1Capacidade de branqueamento do β-carotdne (IC50 µg.ml) nas fracções polar e apolar dos extractos das partes aéreas de *Asphodelus tenuifolius* e *Ononis natrix*.

De acordo com os resultados, a atividade antioxidante depende da polaridade do solvente e da espécie estudada. De facto, a capacidade antioxidante observada na fração polar de *Asphodelus tenuifolius* é mais interessante do que a fração apolar da mesma espécie. Ao contrário da *Ononis natrix*, que apresentou um potencial antioxidante superior na fração apolar. Isto permite-nos sugerir a existência de uma correlação entre o teor em polifenóis totais medido nas duas fracções das duas espécies e a atividade antioxidante (Ksouri et al., 2008). Neste contexto, Trabelsi et al (2012) mostraram que o elevado poder antioxidante dos caules e das galhas de *Limoniastrim guyonianum* está correlacionado com o teor em taninos condensados destes dois órgãos. Os nossos resultados sugerem que cada atividade tem o seu próprio mecanismo de ação (Oueslati et al., 2012). Além disso, pode dizer-se que a eficácia da atividade em questão se deve à presença de moléculas antioxidantes selectivas e específicas (Saada, 2011). Com efeito, a maior eficácia de um antioxidante sintético como o BHT em comparação com a dos nossos extractos de interesse deve-se muito provavelmente ao facto de este último se encontrar no seu estado bruto e, por conseguinte, a purificação destas moléculas antioxidantes pode melhorar consideravelmente a sua eficácia.

3.2. Atividade antimicrobiana (antibacteriana e antifúngica) das duas fracções (polar e ligeiramente polar) de *Asphodelus tenuifolius* e *Ononis natrix*

+- As propriedades antimicrobianas das diferentes fracções foram avaliadas utilizando o método de difusão em ágar contra oito estirpes de bactérias Gram e Gram *(Enterococcus feacalis, Escherichia coli, Salmonella typhimirium, Staphylococcus aureus, Pseudomonas aeruginosa, Klebsiella sp, Shigella flexenerii* e *Micrococcus luteus)* e quatro *Candida (Candida albicans, Candida glabrata, Candida krusei* e *Candida tropicalis).* Como nas actividades anteriores, os resultados da atividade antibacteriana variaram entre as duas fracções e entre as duas espécies (Tabela 3.1). De facto, as zonas de inibição variam de 6 a 12 mm. A fração apolar das duas espécies apresentou a melhor atividade contra todas as bactérias testadas. Além disso, a fração apolar de *A. tenuifolius foi* a mais eficaz contra a estirpe *Klebsiella sp*, com um diâmetro de zona de inibição superior a 11 mm. Quanto à fração apolar de *Ononis natrix,* a melhor capacidade foi observada contra *Staphylococcus aureus* e *Klebsiella sp* com um diâmetro da zona de inibição igual a 12 mm. Além disso. Estas duas espécies foram inactivas contra *Pseudomonas aeruginosa*, uma vez que o diâmetro da zona de inibição não excedeu os 6 mm. Em termos de atividade antifúngica, *A. tenuifolius* exibiu a melhor atividade contra *Candida albicans* e *Candida glabrata* com um diâmetro de zona de inibição de cerca de 9 mm (Tabela 3.2). Além disso, a fração apolar de *Ononis natrix* também é ativa contra *Candida glabrata*, com um diâmetro de zona de inibição de 8,6 mm. Esta variabilidade entre fracções e entre espécies depende da sensibilidade das estirpes.

Tabela 3.1: Medição da atividade antibacteriana das fracções de *Asphodelus tenuifolius* e *Ononis natrix utilizando o* método de difusão em disco.

Bactérias	Diâmetro da zona de inibição (mm ± DP)				
	Aspliodelus renuifolius		Ononis narrix		
	F. polar	F.apolar	F. polar	F.apolar	Cloranfenicol (30µg)
Escherichia coli A TCC 35218	7=0	7=0	7=0	7=0	34
Staphylococcu saureu s AT CC 29213	9.3=0.6	11=0	10.3=0.6	12=0	36
Pseudomonas UeruginosaATCC27853	6=0	6=0	6=0	6=0	12
Klebsiellasp. Títulos CIP	10=0	11.3=0.6	10.3=0.6	12=0	26
Micrococcus luteus NCIMB 8166	7=0	8.3 =0.6	7=0	8.3=0.6	16

Enterococcus faecalis A T CC 29212	10=0	10.6=0.6	10=0	11=0	46
Salmonella thyphimuriumATCC 14028	7=0	7=0	7=0	7=0	22
Shigella flexenerii ATC C 2 9903	7=0	8=1.1	7=0	9=0	16

Tabela 3.2. Medição da atividade antifúngica das fracções de *Asphodelus tenuifolius* e *Ononis natrix utilizando o* método de difusão em disco.

Candida spp.	Diâmetro da zona de inibição (mm ± DP)				
	Asphodelus tennuifolius		**Ononis natrix**		**AmphoteriCineB (10 µgml)**
	F. polar	**F.apolar**	**F. polar**	**F.apolar**	
Candida albican s AT CC 2091	8.6±0.6	9±0	8.3±0.6	8±0	10.3±05
Candida glabrata ATCC 90030	9±0	8±0	7±0	8.6±0.6	9.6±0.5
Candida krusei ATCC 6258	7±0	7±0	7.3±0.6	7.6±0.6	12±0
Candida tropicalis 06-085	7±0	7±0	8±0	7±0	6±0

Desde a antiguidade, várias plantas têm sido usadas tradicionalmente para tratar várias doenças. Atualmente, há grandes progressos na utilização destas plantas para fabricar antibióticos e medicamentos para o tratamento de várias infecções causadas por diferentes agentes patogénicos (Karou et al., 2005). Este teste foi realizado em diferentes fracções de *A. tenuifolius* e *Ononis natrix*, com o objetivo de investigar a atividade antimicrobiana de compostos naturais de extractos de plantas sobre agentes patogénicos *in vitro*. Estas fracções mostraram capacidades diferentes, de facto as fracções apolares foram mais eficazes na inibição do crescimento destes agentes patogénicos do que as fracções polares. Estes resultados sugerem que os compostos fenólicos das fracções apolares são mais potentes contra estes agentes patogénicos. $^{-1}$Esta capacidade está provavelmente ligada à riqueza destas fracções em compostos fenólicos, particularmente em polifenóis totais, cujos níveis excedem 171,4 mg EAG g RS em *Ononis natrix*. Além disso, esta atividade depende da sensibilidade das bactérias testadas. Neste contexto, vários estudos mostraram uma relação estreita entre a sensibilidade de diferentes bactérias (Gram-positivas e Gram-negativas) e a eficácia antibacteriana dos extractos de plantas

(Rodríguez Vaquero et al., 2007).

Conclusão geral e perspectivas

Este estudo foi realizado em duas xerófitas *Asphodelus tenuifolius* e *Ononis natrix* da região de Sfax. O estudo estabeleceu os seguintes objectivos: (i) investigar a riqueza de compostos fenólicos das fracções polares e apolares destas duas espécies, (ii) explorar a variabilidade das suas capacidades antioxidantes através de vários testes, (iii) determinar a atividade antimicrobiana destas fracções.

O trabalho experimental iniciou-se com uma extração, utilizando uma mistura de solventes de diferentes polaridades, das partes aéreas dos dois xerófitos, com o objetivo de estimar o poder de extração das diferentes fracções obtidas, bem como a sua influência nas actividades antioxidantes. A análise dos resultados desta primeira parte revelou que, independentemente da espécie estudada, o teor de compostos fenólicos variou significativamente em função da natureza da fração e da polaridade dos solventes de extração. $^{-1-1}$A fração apolar *de Ononis natrix* apresentou os teores mais elevados de polifenóis (171,4 mg EAG.g RS) e de flavonóides (51,7 mg EC.g RS). $^{-1}$No entanto, os níveis mais elevados de proantocianinas (27,5 mg EC.g RS) foram obtidos na fração apolar de Asphodelus tenuifolius. Este facto evidencia a influência de parâmetros técnicos como a natureza e a polaridade dos solventes utilizados na extração das moléculas antioxidantes, nomeadamente dos compostos fenólicos. Além disso, o potencial antioxidante varia em função da polaridade do solvente e da espécie. $_{5050}$Por exemplo, a fração polar *de Asphodelus tenuifolius* tem a melhor atividade antioxidante com os valores mais baixos de IC e EC. Pelo contrário, a fração apolar *de Ononis natrix apresenta as* capacidades antioxidantes mais interessantes. Por fim, foi testada a eficácia destas fracções contra as estirpes bacterianas e as leveduras. Os resultados mostraram que as fracções apolares de ambas as espécies tinham uma atividade antibacteriana interessante, inibindo as seguintes estirpes patogénicas: *Enterococcus feacalis, Staphylococcus aureus*, *Klebsiella* sp, *Candida albicans* e *Candida glabrata.*

Em resumo, *Ononis natrix demonstrou* ser o xerófito mais rico em antioxidantes naturais, o que lhe confere a maior capacidade antioxidante e antimicrobiana.

Seria interessante desenvolver os seguintes aspectos:

- Exploração de outras actividades biológicas em fracções de *A. tenuifolius* e *O. natrix.*
- Identifica os compostos, nomeadamente os compostos fenólicos, responsáveis por estas actividades biológicas

Referências

Anderson KJ, Teuber SS, Gobeille A, Cremin P, Waterhouse AL, Steinberg FM. 2001.walnut polyphenolics inhibit in vitro human plasma and LDL oxidation.biochemical and molecular action of nutrients. *J. Nutr.* 131: 2837-2842.

Akowuah GA., Ismail Z., Norhayati I., Sadikum A. 2005. O efeito de diferentes solventes de extração de polaridades variáveis em polifenóis de *Orthosiphon stamineus* e avaliação da atividade de eliminação de radicais livres. *Food Chem.* 93: 311-317.

Balasundram N., Sundram K., Samman S. 2006. Compostos fenólicos em plantas e subprodutos agroindustriais: atividade antioxidante, ocorrência e utilizações potenciais. *Food Chem.* 99: 191-203.

Bruneton J. 2006. èmeème Pharmacognosie, Phytochimie, Plantes Médicinales, 3 édition, 4 tirage; Editions médicales internationales, Lavoisier, Paris.

Chaieb M., Boukhris M. 1998. Flore succincte et illustrée des zones arides et sahariennes de Tunisie. Association pour la protection de la nature et de l'environnement (Eds), Sfax. 98-102 pp.

Chebli B., Idrissi Hassani, Hmamouchi M. 2001- Acides gras et polyphénols des graines *dOnonis natrix* L. (Fabaceae) de la région d'Agadir,Maroc. 148: 333-340.

Closs B. 2002. Utilização de polifenóis em cosmetologia. In: Polyphenols. Avanços recentes na investigação dos polifenóis. XXI Conferência Internacional sobre polifenóis. *Marraquexe (Marrocos), Universidade Cadi Ayyad, Faculdade de Ciências Semlalia.* 186-191.

Cox SD, Mann CM, Markham JL, Bell HC, Gustafson JE, Warmington JR, Wyllie SG. 2000. The mode of antimicrobial action of the essential oil of *Melaleuca alternifolia* (tea tree oil). *J. Appl. Microbiol.* 88: 170-175.

Cheynier V., Duenas-Paton M., Salas E., Maury C., Souquet JM., Sarni-Manchado P., Fulcrand H. 2006. Structure and Properties of Wine Pigments and Tannins (Estrutura e Propriedades dos Pigmentos e Taninos do Vinho). *Am. J. Enol. Vitic.* 57: 298-305.

Dinnella C., Recchia A., Tuorila H., Monteleone E. 2011. *A* capacidade de resposta individual à adstringência afecta a aceitação de alimentos ricos em fenol. 56: 633-642.

Djeridane A., Yousfi M., Nadjemi B., Boutassouna D., Stocker P., Vidal N. 2006. Atividade antioxidante de alguns extractos de plantas medicinais argelinas contendo compostos fenólicos. *J. Food chem.* 97: 654-660.

De Abreu I.N., Mazzafera P. 2005. Efeito do stress hídrico e de temperatura no teor de constituintes ativos de *Hypericum brasilienne* choisy. *Fisiologia Vegetal. Biochem.* 43: 241-248.

Duros ML. 2009. Osmoregulação e produção de moléculas activas em halófitas da costa bretã. *Tese universitária, Brest.* 1-245.

Dewanto V., Wu X., Adom KK, Liu RH. 2002. O processamento térmico melhora o valor nutricional do tomate, aumentando a atividade antioxidante total. *J. Agri. and Food Chem.* 50: 3010-3014.

Dixon RE, Hughes JM, Thorns Berry C, 1985. Teste de suscetibilidade antimicrobiana por difusão em disco para fins clínicos e epidemiológicos. *Am. J. Infect. Control.* 13: 241-249.

Dinis TCP, Madeira VMC, Almeida LM. 1994. Ação dos derivados fenólicos (acetoaminofeno, salicilato e 5-aminosalicilato) como inibidores da peroxidação lipídica membranar e como eliminadores do radical peroxilo. *Arch. Biochem. Biophys.* 315: 161-169.

Eckhard W., Marion D., Diego R., James N. 2003. Flavonóides acumulados externamente em três espécies de *Ononis* do Mediterrâneo. 58: 771-775.

Espin JC, Garcia-Conesa MT, Tomas-Barberan FA. 2007. Nutraceuricals: factos e ficção. *Phytochem.* 68: 2986-3008.

Fintelmann V., Weiss RF. 2000. Manual prático de fitoterapia. 80: 3 -11.

Ferrazzano GF., Amato L., Ingenito A., Zarrelli A., Pinto G., Pollio A. 2011. Polifenóis vegetais e suas propriedades anticariogênicas: uma revisão. Molecules. 16: 1486-1507.

Fogliani B., 2002. De la connaissance physiologique des *Cunoniaceae* endémiques de la nouvelle-Calédonie, à la recherche des caractéristiques physico-chimiques et biologiques de leurs substances bioactives d'intérêt. *Tese de doutoramento em fisiologia vegetal e fitoquímica*, 42-52.

Fallah H., Oueslati S., Guyot S., Ben Dali A., Magné C., Abdelly C., Ksouri R. 2011. Caracterização por LC/ESI-MS/MS das procianidinas e propelargonidinas responsáveis pela forte atividade antioxidante da halófita comestível *Mesembryanthemum edule* L. *Food Chem.* 127: 1732-1738.

Frankel EN, Water house AL, Teissedre PL. 1995. *Agric. Food. Chem.* 43: 221-235.

Galvez M., Martin-Cordero C., Houghton PJ., Ayusom J. 2005. Atividade antioxidante de extractos de metanol obtidos de espécies de *Plantago. J. Agric. FoodChem,* 53: 1927-1933.

Gülcin I., Mshvildaze V., Gepdirmen A., Elias R. 2006. Rastreio da atividade antirradicalar e antioxidante de monodesmosídeos e do extrato bruto do tubérculo de *Leontice smirnowii. Fitom.* 13: 343-351.

Graham DR, Dixon RE, Hughes JM, Thorns berry C. 1985. Teste de suscetibilidade antimicrobiana por difusão em disco para fins clínicos e epidemiológicos. *Am. J. Infect. Control.* 13; 241-249.

Heim KE, Tagliaferro AR, Bobilya DJ. 2002. Flavonoid antioxidants; chemistry,. metabolism and structure-activity relationships. *J. Nutr. Biochem.* 13: 572-584.

Halliwell B. 1994. Radicais livres, antioxidantes e doenças humanas: curiosidade, causa ou consequência Lancet 344:721-724.

Hu C., Zhang Y., Kitts DD. 2000. Avaliação das actividades antioxidantes e prooxidantes do extrato de folha de banboo Phyllostachys nigra var. Henonis leaf extract in vitro, *J. Agric Food Chem.* 48: 31703176.

Huang D., Ou B., Prior RL. 2005. A química por detrás dos ensaios de capacidade antioxidante. *J. Agric. Food Chem.* 53: 1841-1856.

Karou D., Dicko MH., Simpore J., Traore AS. 2005. Actividades antioxidantes e antimicrobianas de polifenóis de plantas etnomedicinais do Burkina Faso. *Afr. J. Biotechnol*, 4: 823-828.

Ksouri R., Megdiche W., Falleh H., Trabelsi N., Boulaaba M., Smaoui A., Abdelly C. 2008. Influência de factores biológicos, ambientais e técnicos no conteúdo fenólico e actividades antioxidantes de halófitos tunisinos. *C. R. Biol.* 331: 865-873.

Ksouri R., Megdiche W., Debez A., Fallah H., Grignon C., Abdelly C. 2007. Efeitos da salinidade no conteúdo de polifenóis e actividades antioxidantes nas folhas da halófita *Cakile maritime. Plant Physiol. Biochem.* 45: 244-249.

Koechlin-Ramonatxo C. 2006. Oxigénio, stress oxidativo e suplementação antioxidante ou um aspeto diferente da nutrição nas doenças respiratórias. Nutrição Clínica e Metabolismo. 20: 165-177.

Kaur C., Kapoor HC. 2002. Atividade antioxidante e conteúdo fenólico total de alguns vegetais asiáticos. *Int. J. FoodSci. Technol.* 37: 153-161.

Koleva I., Teris A., Beek V,. Linssen H., Groot A., Lyuba N., Evstatieva. 2001. Triagem de Extractos de Plantas para Atividade Antioxidante: um Estudo Comparativo de Três Métodos de Teste. *Phytochem Anal.* 13: 8-17.

Lisiewka Z., kmiecik W., Korus A. 2006. Teor de vitamina C, carotenóides, clorofilas e polifenóis nas partes verdes do endro *(Anethum graveolens L.) em* função da altura da planta. *J. Food. Comp. Anal.* 19: 134-140.

Macheix JJ., Fleuriet A., Jay-Allemand C. 2005. Les composés phénoliques des végétaux, un exemple de métabolistes secondaires d'importance économique. Imprensa Politécnica e Universitária Romanda (Eds), Lausanne.

Maisuthisakul P., Suttajit M., Pongsawatmanit, R. 2007. Avaliação do conteúdo fenólico e da capacidade de eliminação de radicais livres de algumas plantas indígenas tailandesas. *Food Chem.* 4: 14091418.

Manach C., Williamson G., Morand C., Scalbert A., Remesy C. 2004. Biodisponibilidade e bioeficácia dos polifenóis em humanos. I. Revisão de 97 estudos de biodisponibilidade. *Am. J. Clin. Nutr.* 81: 230-242.

Mau JL, Chang CN, Huang SJ, Chen CC. 2004. Propriedades antioxidantes dos extractos metanólicos dos *micélios de Grifola frondosa, Morchella esculenta* e *Termitomyces albuminosus. Food Chem.* 87: 111-118.

Macheix JJ, Sapis JC, Fleuriet A. 1991. Compostos fenólicos e polifenol oxidase em relação ao acastanhamento em uvas e vinhos, *Crit. Rev. Food Sci. Nutr.* 30 : 441-486.

Michel Botineau. 1999. Botânica sistemática e aplicada das plantas com flores. 80: 598.

Muhammad T, Saeed A., Nasim R., Abdul RR., Clive WB. 1998. Estudos de espetrometria de massa das principais dihidroisocumarinas de *Ononis natrix* e alguns compostos relacionados.

Navarro JM., Flores P., Garrido C., Martinez V. 2006. Alterações no conteúdo de compostos antioxidantes em frutos de pimenta em diferentes estágios de maturação, afetados pela salinidade. *FoodChem.* 96: 66-73.

Oueslati S., Ksouri R., Falleh H., Pichette A., Abdelly C., Legault J. 2012. Conteúdo fenólico, actividades antioxidantes, anti-inflamatórias e anticancerígenas do halófito comestível *Suaeda fruticosa* Forssk. *Food Chem.* 132: 943-94.

Oyaizu M. 1986. Estudos sobre produtos da reação de escurecimento: Atividade antioxidante de produtos da reação de escurecimento. *Jap. J. Nutr.* 44: 307-315.

Pedras MSC, Ahiahonu PWK. 2005. Metabolismo e detoxificação de fitoalexinas e análogos por fungos fitopatogénicos. *Phytochem.* 66: 391-411.

Prasad KN., Hao J., Shi J., Liu T., Li J., Xiao W., Sheng XQ., Xue S., Jiang Y. 2009. Actividades antioxidantes e anticancerígenas do extrato de alta pressão do pericarpo do fruto de lon-gan *(Dimocarpus longan* Lour.). *Toma nota. FoodSci. Emerg. Technol.* 10: 413-419.

Prieto P., Pineda M., Aguilar M. 1999. Quantificação espectrofotométrica da capacidade antioxidante através da formação de um complexo de fosfomolibdénio: aplicação específica à determinação da vitamina E. *Anal. Biochem.* 269: 337-341.

Reynaud Joël. 2001. A flora do farmacêutico. Liliaceae. Fabaceae. 99-128 pp.

Rios JL., Recio MC. 2005. Plantas medicinais e atividade antimicrobiana. *J.*

Ethnopharmacol. 100:80-84.

Rice-Evans CA, Miller NJ, Paganga G. 1997. Propriedades antioxidantes dos compostos fenólicos. *Tendências em Ciências Vegetais.* 2: 152-159.

Rodríguez Vaquero MJ, Alberto MR, Manca de Nadra MC. 2007. Efeito antibacteriano de compostos fenólicos de diferentes vinhos. *Controlo Alimentar.* 18: 93-101.

Saada M. 2011. Fitoquímica e actividades biológicas de três espécies medicinais. Mastère Industries Alimentaires - Ecole Supérieure d'industrie Alimentaire à Tunis.80 p.

Sun B., Richardo-da-Silvia JM., Spranger I. 1998. Factores críticos do ensaio de vanilina para catequinas e proantocianidinas. *J. Agric. Food Chem.* 46: 4267-4274.

Shahidi F., Janitha PK, Wanasundara PD. 1992. Phenolic antioxidants, *Crit. Rev. Food Sci.* Nutr. 32: 317-157.

Trabelsi N., Megdiche W., Ksouri R., Falleh H., Oueslati S., Bourgou S., Hajlaoui H., Abdelly, C. 2010. Efeitos do solvente no conteúdo fenólico e nas actividades biológicas das folhas do halófito *Limoniastrum monopetalum*. *LWT.* 43: 632-639.

Trabelsi, N. (2012). Estudo dos compostos fenólicos e suas actividades biológicas em duas halófitas locais: *Limoniastrum monopetalum* L. e *Limoniastrum guyonianum* Boiss. Tese de doutoramento em Ciências Biológicas. 157 p.

Tadhani MB, Patel VH, Subhash R. 2007. Actividades antioxidantes *in vitro* de folhas e calos de *Stevia rebaudiana. J. Food Comp. Anal.* 20: 323-329.

Toor RK, Savage GP, Lister CE. 2006. Variações sazonais na composição antioxidante de tomates cultivados em estufa. *J. Food. Comp. Anal.* 19 : 1-10. Sobre o conteúdo dos constituintes activos *de Hypericum brasilienne choisy. Fisiologia Vegetal. Biochem.* 43: 241-248.

Turkmen N., Sari F., Velioglu YS. 2006 . Efeitos dos solventes de extração na concentração e atividade antioxidante dos polifenóis do chá preto e do chá mate preto determinados pelos métodos do ferroustartrato e Folin-Ciocalteu. *FoodChem.* 99: 835-

841.

MIX
Papier aus verantwortungsvollen Quellen
Paper from responsible sources
FSC® C105338

Printed by Books on Demand GmbH, Norderstedt / Germany